最强大脑

数学预备课

5 解决问题有办法

杨易 著

中国妇女出版社

图书在版编目（CIP）数据

最强大脑数学预备课. 5，解决问题有办法 / 杨易著
. —— 北京 ：中国妇女出版社，2021.10
ISBN 978-7-5127-1981-1

Ⅰ.①最… Ⅱ.①杨… Ⅲ.①数学－儿童读物 Ⅳ.
①O1-49

中国版本图书馆CIP数据核字（2021）第082950号

最强大脑数学预备课 5——解决问题有办法

作　　者：杨　易　著	
项目统筹：门　莹	
责任编辑：陈经慧	
封面设计：天之赋设计室	
责任印制：王卫东	
出版发行：中国妇女出版社	

地　　址：北京市东城区史家胡同甲24号　　　邮政编码：100010

电　　话：（010）65133160（发行部）　　65133161（邮购）

网　　址：www.womenbooks.cn

法律顾问：北京市道可特律师事务所

经　　销：各地新华书店

印　　刷：北京中科印刷有限公司

开　　本：150×215　1/16

印　　张：7.5

字　　数：80千字

版　　次：2021年10月第1版

印　　次：2021年10月第1次

书　　号：ISBN 978-7-5127-1981-1

定　　价：199.00元（全五册）

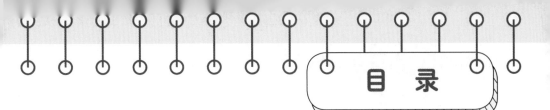

目 录

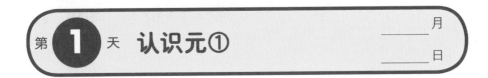
脑王课堂

 脑王！我看到喜欢的玩具，怎样才能自己去买呢？

那你就要学会认识钱（人民币）了，不同的钱能买不同的东西。我们先从认识纸币开始吧！

小朋友，你都认识这些纸币了吗？如果不熟悉的话，继续认一认。

学习打卡

你今天学习花了多少时间？
（家长帮忙计时）

A. 不到 5 分钟　　B. 5~10 分钟　　C. 10 分钟以上

你今天练习全做对了吗？

A. 全对　　B. 仅错一处　　C. 错误较多

小朋友，明天我们还要继续学习并打卡！

今天能得几颗星？把星星涂上你喜欢的颜色，来给自己打分吧！

脑王课堂

 脑王！脑王！我手里的钱跟玩具的标价不一样怎么办呢？

那你就要知道如何将不同面值的钱组合起来买东西。

 怎么组合呀？

比如，5个1元合起来就是5元。

示例： | 5元 | = | 1元 | + | 1元 | + | 1元 | + | 1元 | + | 1元 |

✏️ 试一试　想一想，怎样凑出左侧的钱数呢？

| 2元 | = | 1元 | + | ☐ |

| 5元 | = | 2元 | + | ☐ | + | ☐ | + | ☐ |

| 5元 | = | 2元 | + | ☐ | + | ☐ |

| 10元 | = | 5元 | + | ☐ |

| 10元 | = | 5元 | + | ☐ | + | ☐ | + | ☐ |

小朋友，你都写对了吗？继续写一写，练一练。

学习打卡

你今天学习花了多少时间？
（家长帮忙计时）

A. 不到 5 分钟　　B. 5~10 分钟　　C.10 分钟以上

你今天练习全做对了吗？

A. 全对　　B. 仅错一处　　C. 错误较多

小朋友，明天我们还要继续学习并打卡！

今天能得几颗星？把星星涂上你喜欢的颜色，来给自己打分吧！

⭐⭐⭐⭐⭐

脑王课堂

 脑王！脑王！今天我们学什么？

 继续学习不同面值人民币之间的组合换算。

 好呀，今天是不是要玩更大面值的组合了呀？

 猜对了，今天我们试着组合出20元、50元和100元。

示例：　20元　＝　10元　＋　10元

 试一试　在□内填上正确的答案。

20元　＝　10元　＋　□　＋　□

50元　＝　20元　＋　□　＋　□

50元　＝　10元　＋　20元　＋　□　＋　□

20元　＝　5元　＋　5元　＋　□　＋　□

100元　＝　50元　＋　□

小朋友，你都写对了吗？继续写一写，练一练。

学习打卡

你今天学习花了多少时间？
（家长帮忙计时）

A. 不到 5 分钟　　B. 5~10 分钟　　C. 10 分钟以上

你今天练习全做对了吗？

A. 全对　　B. 仅错一处　　C. 错误较多

小朋友，明天我们还要继续学习并打卡！

今天能得几颗星？把星星涂上你喜欢的颜色，来给自己打分吧！

☆ ☆ ☆ ☆ ☆

脑王测试

 脑王！脑王！今天玩什么游戏？

我们做一个闯关挑战，熟悉不同面值钱的组合。

试一试　在□内填上正确的答案。

5元 ＝ 2元 ＋ ☐ ＋ ☐

2元 ＝ 1元 ＋ ☐

10元 ＝ 5元 ＋ ☐

50元 ＝ 20元 ＋ ☐ ＋ ☐

50元 ＝ 10元 ＋ 20元 ＋ ☐ ＋ ☐

20元 ＝ 5元 ＋ 5元 ＋ ☐ ＋ ☐

100元 ＝ 50元 ＋ ☐

小朋友，你都写对了吗？如果有错题，请在下方改正。

学习打卡

你今天学习花了多少时间？
（家长帮忙计时）

 A. 不到 5 分钟　 B. 5~10 分钟　 C. 10 分钟以上

你今天练习全做对了吗？

 A. 全对　B. 仅错一处　 C. 错误较多

小朋友，明天我们还要继续学习并打卡！

今天能得几颗星？把星星涂上你喜欢的颜色，来给自己打分吧！

★ ★ ★ ★ ★

评级证书

一级

（解决问题有办法）

_____ 同学：

祝贺你在"解决问题有办法1～4天"学

习中，坚持练习并且通过了测试！

请你以"小脑王"为目标，继续努力！

年　　月　　日

数学评测官　　杨易

第 **5** 天　钱的组合①

_____ 月

_____ 日

脑王课堂

 脑王！脑王！今天我们玩什么游戏？

算一算不同面值的钱组合起来一共是多少元。

示例：

| 10元 | + | 5元 | + | 1元 | = （ 16 ）元 |

试一试　在（ ）内填上正确的答案。

| 5元 | + | 1元 | + | 1元 | = （ ）元 |

| 2元 | + | 5元 | + | 1元 | = （ ）元 |

| 10元 | + | 2元 | + | 1元 | = （ ）元 |

| 10元 | + | 10元 | = （ ）元 |

| 2元 | + | 2元 | + | 10元 | = （ ）元 |

小朋友，你都写对了吗？继续写一写，练一练。

学习打卡

你今天学习花了多少时间？
（家长帮忙计时）

A. 不到 5 分钟　　B. 5~10 分钟　　C. 10 分钟以上

你今天练习全做对了吗？

A. 全对　　B. 仅错一处　　C. 错误较多

小朋友，明天我们还要继续学习并打卡！

今天能得几颗星？把星星涂上你喜欢的颜色，来给自己打分吧！

⭐ ⭐ ⭐ ⭐ ⭐

_____ 月

_____ 日

脑王课堂

脑王！脑王！钱的组合还能玩出新花样吗？

能啊，今天我们来解决填空类型的问题！

示例： 10元 + 5元 + 1元 = (16) 元

 试一试 根据给出的条件，在□内填上合适的钱数。

10元 + ☐ = 12元

5元 + ☐ = 7元

10元 + ☐ = 11元

5元 + ☐ = 6元

2元 + ☐ = 3元

小朋友，你都算对了吗？继续算一算，练一练。

学习打卡

你今天学习花了多少时间？
（家长帮忙计时）

A. 不到 5 分钟　　B. 5~10 分钟　　C. 10 分钟以上

你今天练习全做对了吗？

A. 全对　　　　　B. 仅错一处　　　C. 错误较多

小朋友，明天我们还要继续学习并打卡！

今天能得几颗星？把星星涂上你喜欢的颜色，来给自己打分吧！

★ ★ ★ ★ ★

第 **7** 天 钱的组合③

_____ 月

_____ 日

 脑王！脑王！今天我们玩什么数学游戏？

继续熟悉不同面值钱币之间的组合吧！

示例： | 5元 | + | 5元 | + | 1元 | = (11) 元

 试一试 根据给出的条件，在□内填上合适的钱数。

5元 + [   ] + 2元 = 8元

10元 + [   ] + 2元 = 13元

10元 + [   ] + 2元 = 14元

5元 + [   ] + 1元 = 16元

10元 + [   ] + 2元 = 17元

小朋友，你都算对了吗？继续算一算，练一练。

学习打卡

你今天学习花了多少时间？
（家长帮忙计时）

A. 不到 5 分钟　　B. 5~10 分钟　　C. 10 分钟以上

你今天练习全做对了吗？

A. 全对　　　　　B. 仅错一处　　　C. 错误较多

小朋友，明天我们还要继续学习并打卡！

今天能得几颗星？把星星涂上你喜欢的颜色，来给自己打分吧！

★★★★★

脑王课堂

 脑王！脑王！今天的数学游戏有新玩法吗？ 有呀，今天玩钱币的连线游戏。

 怎么玩？ 用线将左右两边总钱数相同的组合连起来。

示例：

| 5元 | + | 5元 | + | 1元 | | 5元 | + | 1元 |
| 2元 | + | 2元 | + | 2元 | | 10元 | + | 1元 |

 请将组合结果相同的两方用线连起来。

| 2元 | + | 1元 | + | 2元 | | 2元 | + | 1元 |

| 10元 | + | 2元 | + | 5元 | | 2元 | + | 1元 | + | 1元 | + | 1元 |

| 1元 | + | 2元 | + | 5元 | | 5元 | + | 5元 | + | 5元 | + | 2元 |

| 1元 | + | 1元 | + | 1元 | | 2元 | + | 2元 | + | 2元 | + | 2元 |

| 1元 | + | 2元 | + | 1元 | | 2元 | + | 2元 |

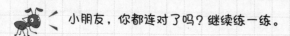 小朋友，你都连对了吗？继续练一练。

学习打卡

你今天学习花了多少时间？
（家长帮忙计时）

A. 不到 5 分钟　　B. 5~10 分钟　　C. 10 分钟以上

你今天练习全做对了吗？

A. 全对　　　　B. 仅错一处　　　C. 错误较多

 小朋友，明天我们还要继续学习并打卡！

今天能得几颗星？把星星涂上你喜欢的颜色，来给自己打分吧！

⭐⭐⭐⭐⭐

第 **9** 天 比大小

_____ 月
_____ 日

 脑王！脑王！钱币的组合游戏还有什么新玩法？

 今天玩一个比大小的游戏。比一比左右两组钱币哪一边的总钱数多。

示例： | 10元 | **>** | 5元 | + | 1元 |

✏️ **试一试** 在○内填上 "<" 或者 ">"。

| 5元 | ○ | 10元 | + | 1元 |

| 20元 | ○ | 10元 | + | 5元 |

| 10元 | ○ | 2元 | + | 2元 |

| 5元 | ○ | 2元 | + | 2元 |

| 20元 | ○ | 5元 | + | 2元 |

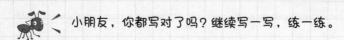

小朋友，你都写对了吗？继续写一写，练一练。

学习打卡

你今天学习花了多少时间？
（家长帮忙计时）

A.不到 5 分钟　　B.5~10 分钟　　C.10 分钟以上

你今天练习全做对了吗？

A.全对　　B.仅错一处　　C.错误较多

小朋友，明天我们还要继续学习并打卡！

今天能得几颗星？把星星涂上你喜欢的颜色，来给自己打分吧！

☆ ☆ ☆ ☆ ☆

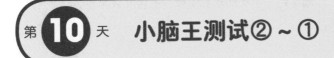
脑王测试

 脑王！脑王！今天我们做什么？　　今天我出一些题目考考你。

 测试开始了，加油！

 根据前面学习过的知识，在（　）或□内写出正确答案。

| 2元 | + | 5元 | + | 1元 | = （　　）元 |

| 10元 | + | 2元 | + | 1元 | = （　　）元 |

| 10元 | + | 10元 | = （　　）元 |

| 10元 | + | □ | = （ 12 ）元 |

| 5元 | + | □ | = （ 7 ）元 |

| 10元 | + | □ | = （ 11 ）元 |

| 5元 | + | □ | + | 1元 | = （ 16 ）元 |

| 10元 | + | □ | + | 2元 | = （ 17 ）元 |

小朋友，你都答对了吗？如果有错题，请在下方改正。

学习打卡

你今天学习花了多少时间？
（家长帮忙计时）

 A. 不到 5 分钟　　 B. 5~10 分钟　　 C. 10 分钟以上

你今天练习全做对了吗？

 A. 全对　　 B. 仅错一处　　 C. 错误较多

小朋友，明天我们还要继续学习并打卡！

今天能得几颗星？把星星涂上你喜欢的颜色，来给自己打分吧！

★ ★ ★ ★ ★

脑王测试

　脑王！脑王！今天我们做什么？

今天我们继续玩闯关挑战。

　好的，随时迎接挑战。

试一试　请根据题目要求完成答题。

●请将组合结果相同的两方用线连起来。

| 2元 | + | 1元 | + | 2元 | | 2元 | + | 1元 |

| 1元 | + | 2元 | + | 5元 | | 2元 | + | 1元 | + | 1元 | + | 1元 |

| 1元 | + | 1元 | + | 1元 | | 2元 | + | 2元 | + | 2元 | + | 2元 |

●比一比不同面值的钱币谁大谁小，在○内填上"＜"或者"＞"。

　| 5元 | ○ | 10元 | 1元 |

　| 20元 | ○ | 10元 | 5元 |

　| 10元 | ○ | 2元 | 2元 |

小朋友，你都答对了吗？如果有错题，请在下方改正。

学习打卡

你今天学习花了多少时间？
（家长帮忙计时）

A. 不到 5 分钟　　B. 5~10 分钟　　C. 10 分钟以上

你今天练习全做对了吗？

A. 全对　　　　B. 仅错一处　　　C. 错误较多

小朋友，明天我们还要继续学习并打卡！

今天能得几颗星？把星星涂上你喜欢的颜色，来给自己打分吧！

★★★★★

评级证书

二级

（解决问题有办法）

———— 同学：

祝贺你在"解决问题有办法5~11天"

学习中，坚持练习并且通过了测试！

请你以"小脑王"为目标，继续努力！

年　　月　　日

数学评测官　　杨易

第 **12** 天 认识价格

_____ 月
_____ 日

脑王课堂

 脑王！脑王！测试挑战我已经顺利闯关，还有什么新挑战？

好棒呀！今天的新挑战是认识价格。

什么是价格？

商店里的每个商品都有价格。价格表示花多少钱可以买到它。

示例： ← ¥15

1个足球的价格是（15元）

试一试

在（ ）写出物品的价格。

1斤

← ¥10

1斤苹果的价格是（   ）

 ← ¥2

1支铅笔的价格是（   ）

牛奶

← ¥6

1盒牛奶的价格是（   ）

 ← ¥20

1个篮球的价格是（   ）

小朋友，你都写对了吗？继续写一写，练一练。

复习

学习打卡

你今天学习花了多少时间？
（家长帮忙计时）

A. 不到 5 分钟 B. 5~10 分钟 C. 10 分钟以上

你今天练习全做对了吗？

A. 全对 B. 仅错一处 C. 错误较多

小朋友，明天我们还要继续学习并打卡！

今天能得几颗星？把星星涂上你喜欢的颜色，来给自己打分吧！

⭐ ⭐ ⭐ ⭐ ⭐

_____ 月

_____ 日

脑王课堂

 脑王！脑王！我已经认识物品的价格了，还有什么好玩的？

 今天咱们来玩比价格的游戏！

 价格怎么比？

 不同的商品会标注不同的价格，在○内填上合适的"<"或">"。

示例：

¥15

15元 **<** 20元

¥20

✏ 试一试　在○内填上合适的"<"或">"。

¥15

15元 ○ 20元

¥20

¥15

15元 ○ 10元

¥10

¥3

3元 ○ 2元

¥2

¥50

50元 ○ 16元

¥16

小朋友，你都写对了吗？继续练一练。

学习打卡

你今天学习花了多少时间？
（家长帮忙计时）

A. 不到 5 分钟　　B. 5~10 分钟　　C. 10 分钟以上

你今天练习全做对了吗？

A. 全对　　B. 仅错一处　　C. 错误较多

小朋友，明天我们还要继续学习并打卡！

今天能得几颗星？把星星涂上你喜欢的颜色，来给自己打分吧！

⭐⭐⭐⭐⭐

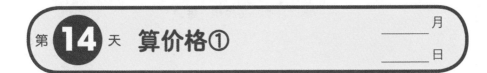

脑王课堂

 脑王！脑王！今天玩什么数学游戏？

 今天我们试着自己买东西。

 这个好玩，我要怎么付钱呢？

 用和价格相同的钱数就可以买到东西了，连连看吧！

示例：　　| ¥10 |　| ¥5 |　➡️　⚽

| ¥15 |

 试一试　请按照脑王的要求进行正确的连线。

| 10元 | + | 5元 |

| 5元 | + | 5元 |

| 10元 | + | 10元 |

| 20元 | + | 5元 |

| 5元 | + | 1元 |

| ¥10 |

| ¥15 |

| ¥25 |

🥖
| ¥6 |

| ¥20 |

小朋友，你都连对了吗？继续练一练。

学习打卡

你今天学习花了多少时间？
（家长帮忙计时）

A. 不到 5 分钟　　B. 5~10 分钟　　C. 10 分钟以上

你今天练习全做对了吗？

A. 全对　　B. 仅错一处　　C. 错误较多

 小朋友，明天我们还要继续学习并打卡！

今天能得几颗星？把星星涂上你喜欢的颜色，来给自己打分吧！

★★★★★

脑王测试

 脑王！脑王！今天有什么新挑战？

又到了测试闯关挑战，我出一些题目考考你吧！

 好呀，我已经做好准备，随时接受挑战！

✏️ **试一试** 请根据题目要求进行答题。

● 根据给出物品的不同价格，在〇内填上合适的 "<" 或 ">"。

　〇　

● 根据物品的价格，和与之对应的钱数进行连接。

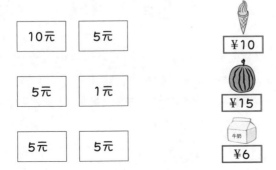

总结

小朋友，你都答对了吗？如果有错题，请在下方改正。

学习打卡

你今天学习花了多少时间？
（家长帮忙计时）

A. 不到 5 分钟　　B. 5~10 分钟　　C. 10 分钟以上

你今天练习全做对了吗？

A. 全对　　　　B. 仅错一处　　C. 错误较多

小朋友，明天我们还要继续学习并打卡！

今天能得几颗星？把星星涂上你喜欢的颜色，来给自己打分吧！

☆ ☆ ☆ ☆ ☆

评级证书

三级

（解决问题有办法）

_____ 同学：

　　祝贺你在"解决问题有办法12～15天"

学习中，坚持练习并且通过了测试！

　　请你以"小脑王"为目标，继续努力！

　　　　　　　　　　　　年　　月　　日

数学评测官　　　杨易

脑王课堂

 脑王！脑王！我已经顺利挑战成功，今天会有什么新挑战？

今天我们来练习买东西吧！根据左边商品的价格，在右边的钱币组合里圈出相等面值的钱数。

示例：

¥15

| 10元 | 5元 | 1元 |

试一试　圈出与商品价格等面值的钱。

¥8

| 2元 | 1元 | 5元 |

¥20

| 10元 | 10元 | 5元 |

¥22

| 10元 | 10元 | 1元 | 1元 |

¥50

| 50元 | 1元 | 2元 |

¥25

| 10元 | 20元 | 5元 |

小朋友，你都圈对了吗？继续练一练。

学习打卡

你今天学习花了多少时间？
（家长帮忙计时）

A. 不到 5 分钟　　B. 5~10 分钟　　C. 10 分钟以上

你今天练习全做对了吗？

A. 全对　　　B. 仅错一处　　C. 错误较多

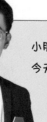

小朋友，明天我们还要继续学习并打卡！

今天能得几颗星？把星星涂上你喜欢的颜色，来给自己打分吧！

★ ★ ★ ★ ★

脑王课堂

 脑王！脑王！今天玩什么数学新游戏？

 继续玩商品价格游戏。

 是不是会提升难度呢？

 对，根据左边的商品价格，算一算右边还缺多少钱，然后在□内写出答案。

示例：

¥15

| 5元 | 10元 |

试一试　在□内填上正确的钱数。

¥15

| 5元 | |

¥6

| 5元 | |

¥35

| 20元 | | |

¥12

| 10元 | | |

¥11

| 5元 | | |

小朋友，你都填对了吗？继续练一练。

学习打卡

你今天学习花了多少时间？
（家长帮忙计时）

A. 不到 5 分钟　　B. 5~10 分钟　　C. 10 分钟以上

你今天练习全做对了吗？

A. 全对　　　　B. 仅错一处　　C. 错误较多

小朋友，明天我们还要继续学习并打卡！

今天能得几颗星？把星星涂上你喜欢的颜色，来给自己打分吧！

★ ★ ★ ★ ★

脑王课堂

 脑王！脑王！今天玩买东西的游戏吧！我已经很熟练了！

好呀，这一次的题目更难了。仔细算一算买这些东西要花多少钱吧！

示例：
¥16

| 10元 | | 5元 | 1元 |

✏️ **试一试** 在□内填上合适的钱数。

¥20

| 10元 | | |

¥8

| 5元 | | | |

🕐
¥56

| 50元 | | |

🎈
¥11

| 5元 | | |

👕
¥57

| 50元 | | | |

小朋友，你都填对了吗？继续练一练。

学习打卡

你今天学习花了多少时间？
（家长帮忙计时）

A. 不到 5 分钟   B. 5~10 分钟   C. 10 分钟以上

你今天练习全做对了吗？

A. 全对   B. 仅错一处   C. 错误较多

小朋友，明天我们还要继续学习并打卡！

今天能得几颗星？把星星涂上你喜欢的颜色，来给自己打分吧！

★ ★ ★ ★ ★

脑王课堂

 脑王！脑王！我已经掌握买东西的算法了。

那今天你要自己独立计算出买东西需要花多少钱。注意钱币的张数要对应哦！加油！

示例： 　¥8

5元	2元	1元

✏ 试一试　在□内填上正确的钱数。

¥11

¥15

¥12

¥3

¥15

小朋友，你都填对了吗？继续练一练。

学习打卡

你今天学习花了多少时间？
（家长帮忙计时）

A. 不到 5 分钟　　B. 5~10 分钟　　C. 10 分钟以上

你今天练习全做对了吗？

A. 全对　　B. 仅错一处　　C. 错误较多

小朋友，明天我们还要继续学习并打卡！

今天能得几颗星？把星星涂上你喜欢的颜色，来给自己打分吧！

———— 月

———— 日

脑王测试

 脑王！脑王！今天有什么新挑战？

 又到了闯关测试挑战的环节，我来考考你买商品算价格的能力。

 好呀，我们开始吧！

✏️ 试一试　请按照题目要求答题。

● 请圈出与左边商品价格等面值的钱数。

¥6

| 2元 | 1元 | 5元 |

¥20

| 10元 | 10元 | 5元 |

● 算一算，买左边的商品还缺多少钱，在□内补充完整。

¥6

| 5元 | □ |

¥35

| 20元 | □ | □ |

¥57

| 50元 | □ | □ |

总结

小朋友，你都答对了吗？如果有错题，请在下方改正。

学习打卡

你今天学习花了多少时间？
（家长帮忙计时）

A. 不到 5 分钟　　B. 5~10 分钟　　C. 10 分钟以上

你今天练习全做对了吗？

A. 全对　　B. 仅错一处　　C. 错误较多

小朋友，明天我们还要继续学习并打卡！

今天能得几颗星？把星星涂上你喜欢的颜色，来给自己打分吧！

⭐⭐⭐⭐⭐

评级证书

四级

（解决问题有办法）

_____ 同学：

祝贺你在"解决问题有办法16~20天"

学习中，坚持练习并且通过了测试！

请你以"小脑王"为目标，继续努力！

年　　　月　　　日

数学评测官　　杨易

脑王课堂

 脑王！脑王！今天我们要学什么新知识吗？

今天我们来认识钱里面的角。

 什么是角？

角是比元更小的单位。人民币中有1角、2角和5角的纸币，还有1角和5角的硬币。

1角

2角

5角

1角

5角

小朋友，你都认识这些纸币和硬币了吗？如果不熟悉的话，继续认一认。

学习打卡

你今天学习花了多少时间？
（家长帮忙计时）

A. 不到 5 分钟　　B. 5~10 分钟　　C. 10 分钟以上

你今天练习全做对了吗？

A. 全对　　B. 仅错一处　　C. 错误较多

小朋友，明天我们还要继续学习并打卡！

今天能得几颗星？把星星涂上你喜欢的颜色，来给自己打分吧！

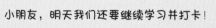

脑王课堂

 脑王！脑王！角可以像元一样组合吗？

可以，把数加在一起就是它们的总钱数。

示例：

| 5角 | | 1角 | 共（6角）|

试一试 在（ ）内填上正确的结果。

| 5角 | 1角 | 1角 | 共（ ）角

| 1角 | 1角 | 共（ ）角

| 5角 | 1角 | 共（ ）角

| 1角 | 1角 | 1角 | 共（ ）角

| 5角 | 1角 | 1角 | 1角 | 共（ ）角

小朋友，你都填对了吗？继续练一练。

复习

学习打卡

你今天学习花了多少时间？
（家长帮忙计时）

A.不到5分钟　　B.5~10分钟　　C.10分钟以上

你今天练习全做对了吗？

A.全对　　B.仅错一处　　C.错误较多

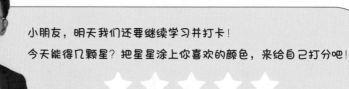

小朋友，明天我们还要继续学习并打卡！

今天能得几颗星？把星星涂上你喜欢的颜色，来给自己打分吧！

脑王课堂

 脑王！脑王！元与角之间是什么关系？　元与角之间可以互相转换，1元等于10角。

示例：　1元 = 10角

试一试　按照脑王的示例，对下列习题进行换算。

2元 = （　）角　　20角 = （　）元

3元 = （　）角　　30角 = （　）元

4元 = （　）角　　40角 = （　）元

5元 = （　）角　　50角 = （　）元

6元 = （　）角　　60角 = （　）元

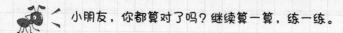 小朋友，你都算对了吗？继续算一算，练一练。

学习打卡

你今天学习花了多少时间？
（家长帮忙计时）

A. 不到 5 分钟　　B. 5~10 分钟　　C. 10 分钟以上

你今天练习全做对了吗？

A. 全对　　　　B. 仅错一处　　　C. 错误较多

小朋友，明天我们还要继续学习并打卡！

今天能得几颗星？把星星涂上你喜欢的颜色，来给自己打分吧！

⭐⭐⭐⭐⭐

第 **24** 天　元角关系②

　　　　　　　　　　　　　　　　月 _____

　　　　　　　　　　　　　　　　日 _____

脑王课堂

 脑王！脑王！买东西的时候元和角可以一起使用吗？

当然可以，元和角组合在一起就会产生不同的钱数。

示例： [1元] (5角) = (1) 元 (5) 角

 在（　）内填上合适的数。

[2元] (5角) = (　) 元 (　) 角

[10元] (5角) = (　) 元 (　) 角

[5元] (5角) = (　) 元 (　) 角

[1元] (1角) = (　) 元 (　) 角

[20元] (5角) = (　) 元 (　) 角

[50元] (5角) = (　) 元 (　) 角

小朋友，你都填对了吗？继续练一练。

学习打卡

你今天学习花了多少时间？
（家长帮忙计时）

A.不到 5 分钟　　B.5~10 分钟　　C.10 分钟以上

你今天练习全做对了吗？

A.全对　　B.仅错一处　　C.错误较多

小朋友，明天我们还要继续学习并打卡！

今天能得几颗星？把星星涂上你喜欢的颜色，来给自己打分吧！

★ ★ ★ ★ ★

脑王测试

 脑王！脑王！今天有什么新挑战？

又到了闯关测试挑战环节，看看你是否掌握了元角之间的关系。

 好呀，我已经做好准备了。

✏️ **试一试** 请按照题目要求答题。

• 把不同的角相加后的结果写在（　）内。

| 5角 | | 1角 | | 1角 | 共（　）角 |

| 5角 | | 1角 | | 1角 | | 1角 | 共（　）角 |

• 根据前面学过的知识，对元角进行换算。

2元 ＝ （　）角　　　50角 = （　）元

3元 ＝ （　）角　　　60角 = （　）元

2元 （5角） ＝ （　）元（　）角

10元 （5角） ＝ （　）元（　）角

总结

小朋友，你都做对了吗？如果有错题，请在下方改正。

学习打卡

你今天学习花了多少时间？
（家长帮忙计时）

A. 不到 5 分钟　　B. 5~10 分钟　　C. 10 分钟以上

你今天练习全做对了吗？

A. 全对　　　　B. 仅错一处　　　C. 错误较多

小朋友，明天我们还要继续学习并打卡！

今天能得几颗星？把星星涂上你喜欢的颜色，来给自己打分吧！

★ ★ ★ ★ ★

评级证书

五级

（解决问题有办法）

_____ 同学：

祝贺你在"解决问题有办法21～25天"

学习中，坚持练习并且通过了测试！

请你以"小脑王"为目标，继续努力！

年　　　月　　　日

数学评测官　　杨易

脑王课堂

 脑王！脑王！我已经顺利闯关了，今天我们学什么？

 今天我们学习把元角单位统一，你会算这个吗？

 1元是10角，再加5角一共是15角。

 没错！先把元变成角，再相加。小朋友们，试试看吧！

示例： 1元5角 = （15）角

试一试 在（ ）内填上合适的数。

1元1角 = （　　）角　　　2元2角 = （　　）角

3元5角 = （　　）角　　　5元2角 = （　　）角

4元5角 = （　　）角　　　1元2角 = （　　）角

10元5角 = （　　）角　　　7元2角 = （　　）角

8元3角 = （　　）角　　　9元6角 = （　　）角

小朋友，你都填对了吗？继续练一练。

学习打卡

你今天学习花了多少时间？
（家长帮忙计时）

A. 不到 5 分钟   B. 5~10 分钟   C. 10 分钟以上

你今天练习全做对了吗？

A. 全对   B. 仅错一处   C. 错误较多

小朋友，明天我们还要继续学习并打卡！

今天能得几颗星？把星星涂上你喜欢的颜色，来给自己打分吧！

★ ★ ★ ★ ★

第 **27** 天　元角换算②

_____ 月

_____ 日

脑王课堂

 脑王！脑王！今天我们学什么？

 今天我们学习元与角的混合加法。

 元角在一起怎么办呢？

 元加元，角加角，分别算就可以了。

示例：　1元5角 + 1元 =（2）元（5）角

 试一试　按照脑王的示例，在（　）内填上合适的数。

2元2角 + 2元 =（　）元（　）角

1元5角 + 2角 =（　）元（　）角

4元2角 + 1元 =（　）元（　）角

4元5角 + 4角 =（　）元（　）角

1元2角 + 7元 =（　）元（　）角

1元1角 + 3角 =（　）元（　）角

10元5角 + 4元 =（　）元（　）角

5元3角 + 1元6角 =（　）元（　）角

小朋友，你都填对了吗？继续算一算，练一练。

学习打卡

你今天学习花了多少时间？
（家长帮忙计时）

A. 不到 5 分钟 　　B. 5~10 分钟 　　C. 10 分钟以上

你今天练习全做对了吗？

A. 全对 　　B. 仅错一处 　　C. 错误较多

小朋友，明天我们还要继续学习并打卡！

今天能得几颗星？把星星涂上你喜欢的颜色，来给自己打分吧！

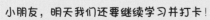

脑王课堂

 脑王！脑王！今天我们学什么？

今天继续学习元角之间的混合减法。

 怎么换算？也是元减元、角减角吗？

没错！不同单位分别计算。

示例：　1元5角 – 1元 = （5）角

试一试　按照脑王的示例，在（　）内填上合适的数。

2元2角 – 2元 = （　）角

1元5角 – 3角 = （　）元（　）角

4元2角 – 2元 = （　）元（　）角

4元5角 – 4角 = （　）元（　）角

8元1角 – 7元 = （　）元（　）角

9元5角 – 6元1角 = （　）元（　）角

3元3角 – 2元3角 = （　）元

5元2角 – 1元1角 = （　）元（　）角

小朋友，你都填对了吗？继续算一算，练一练。

学习打卡

你今天学习花了多少时间？
（家长帮忙计时）

A. 不到 5 分钟　　B. 5~10 分钟　　C. 10 分钟以上

你今天练习全做对了吗？

A. 全对　　B. 仅错一处　　C. 错误较多

小朋友，明天我们还要继续学习并打卡！

今天能得几颗星？把星星涂上你喜欢的颜色，来给自己打分吧！

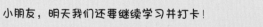

脑王课堂

脑王！脑王！今天我们玩什么数学游戏？

今天我们做加减法的综合练习。一定要看清符号哦！

✏️ **试一试**　在（　）内填上合适的数。

2元2角 − 1角 = （　）元（　）角

1元5角 − 5角 = （　）元

4元8角 − 5角 = （　）元（　）角

5元9角 − 8角 = （　）元（　）角

7元2角 + 2元3角 = （　）元（　）角

8元8角 − 7角 = （　）元（　）角

11元5角 + 3角 = （　）元（　）角

9元9角 − 6元6角 = （　）元（　）角

小朋友，你都填对了吗？继续算一算，练一练。

学习打卡

你今天学习花了多少时间？
（家长帮忙计时）

A. 不到 5 分钟　　B. 5~10 分钟　　C. 10 分钟以上

你今天练习全做对了吗？

A. 全对　　B. 仅错一处　　C. 错误较多

小朋友，明天我们还要继续学习并打卡！

今天能得几颗星？把星星涂上你喜欢的颜色，来给自己打分吧！

第 **30** 天 比大小

_____ 月

_____ 日

脑王课堂

 脑王！脑王！今天我们学什么？

今天我们玩元角组合比大小的游戏。

 怎么比呢？

先比元，元数大的组合大，如果元数相同，再继续比角。

示例：

| 5元 | 1角 | **>** | 1元 | 5角 |

试一试 在○内填上"<"或">"。

| 10元 | ○ | 5元 5角 1角 |

| 5元 | ○ | 10元 1角 |

| 1元 | ○ | 5角 |

| 2元 1角 | ○ | 1元 5角 |

| 20元 | ○ | 10元 5角 1角 |

| 10元 5角 | ○ | 5元 5角 1角 |

069

小朋友，你都填对了吗？继续练一练。

学习打卡

你今天学习花了多少时间？
（家长帮忙计时）

A. 不到 5 分钟　　B. 5~10 分钟　　C. 10 分钟以上

你今天练习全做对了吗？

A. 全对　　　　B. 仅错一处　　　C. 错误较多

小朋友，明天我们还要继续学习并打卡！

今天能得几颗星？把星星涂上你喜欢的颜色，来给自己打分吧！

⭐⭐⭐⭐⭐

脑王课堂

 脑王！脑王！今天我们会有什么新挑战？

 今天我们来判断钱够不够买东西。

 怎么判断呢？

 如果钱数大于或等于东西的价格，就可以买这个东西。如果钱数小于价格，就不可以买。

示例： | 10元 | (可以) / 不可以 买

¥9

试一试 把正确的答案圈出来。

| 5元 | 可以 / 不可以 买

¥6元5角

| 20元 | 可以 / 不可以 买

¥21

| 10元 | 可以 / 不可以 买

¥10元2角

| 10元 | 可以 / 不可以 买

¥9元9角

小朋友，你都判断对了吗？继续想一想，练一练。

学习打卡

你今天学习花了多少时间？
（家长帮忙计时）

A. 不到 5 分钟　　B. 5~10 分钟　　C. 10 分钟以上

你今天练习全做对了吗？

A. 全对　　　　B. 仅错一处　　　C. 错误较多

小朋友，明天我们还要继续学习并打卡！

今天能得几颗星？把星星涂上你喜欢的颜色，来给自己打分吧！

☆ ☆ ☆ ☆ ☆

_____ 月

_____ 日

脑王测试

 脑王！脑王！今天有什么
新挑战？

又到了闯关测试挑战环节，
我出一些题目考考你。

 好呀，我已经做好准备，
随时接受挑战！

✏ **试一试**　请按照题目要求答题。

● 在（　）内填上合适的数。

1元2角 = （　）角 　　　　　　9元5角 – 6元1角 = （　）元（　）角

1元2角 + 7元1角 = （　）元（　）角　　1元5角 + 3角 = （　）元（　）角

● 比一比，在○内填上"＜"或"＞"。

| 5元 | ○ | 10元 | 1角 |

| 1元 | ○ | | 5角 |

● 将判断出的结果画上圈。

| 10元 | 可以 / 不可以 | 买 | |
| | | | ¥10元2角 |

| 10元 | 可以 / 不可以 | 买 | |
| | | | ¥9元9角 |

小朋友，你都答对了吗？如果有错题，请在下方改正。

学习打卡

你今天学习花了多少时间？
（家长帮忙计时）

 A. 不到 5 分钟　　 B. 5~10 分钟　　 C. 10 分钟以上

你今天练习全做对了吗？

 A. 全对　　 B. 仅错一处　　 C. 错误较多

小朋友，明天我们还要继续学习并打卡！

今天能得几颗星？把星星涂上你喜欢的颜色，来给自己打分吧！

评级证书

六级

（解决问题有办法）

———— 同学：

祝贺你在"解决问题有办法26～32天"

学习中，坚持练习并且通过了测试！

请你以"小脑王"为目标，继续努力！

年　　月　　日

数学评测官　　杨易

脑王课堂

 脑王！脑王！我测试挑战顺利闯关了，还有什么新挑战？

 今天带大家认识钱币里的分。

 分和元、角之间又是什么关系呢？

 分也是钱的计量单位，比元和角都要小。

5分

5分

2分

2分

1分

1分

小朋友，你都认识了吗？如果不熟悉的话，继续认一认。

学习打卡

你今天学习花了多少时间？
（家长帮忙计时）

A. 不到 5 分钟　　B. 5~10 分钟　　C. 10 分钟以上

你今天练习全做对了吗？

A. 全对　　B. 仅错一处　　C. 错误较多

小朋友，明天我们还要继续学习并打卡！

今天能得几颗星？把星星涂上你喜欢的颜色，来给自己打分吧！

☆ ☆ ☆ ☆ ☆

第 **34** 天 元、角、分换算

_____ 月

_____ 日

脑王课堂

 脑王！脑王！今天玩什么数学游戏？

 今天学习元、角、分之间的换算。

 1元是10角，那分和角的关系呢？

 1角是10分，因为分这个单位很小，所以生活中很少用到。

示例： 1角 = 10分

✏️ 试一试　在（　）内填上合适的数。

2元 = （　　）角

3角 = （　　）分

5角 = （　　）分

4角 = （　　）分

8角 = （　　）分

50分 = （　　）角

60角 = （　　）元

90分 = （　　）角

小朋友，你都做对了吗？继续想一想，练一练。

学习打卡

你今天学习花了多少时间？
（家长帮忙计时）

A.不到5分钟　　B.5~10分钟　　C.10分钟以上

你今天练习全做对了吗？

A.全对　　B.仅错一处　　C.错误较多

小朋友，明天我们还要继续学习并打卡！

今天能得几颗星？把星星涂上你喜欢的颜色，来给自己打分吧！

★★★★★

脑王测试

 脑王！脑王！今天是不是要闯关了？

答对了！我出一些题目考考你。

 好呀，我已经做好准备了！

 试一试　根据学过的元、角、分换算知识，在（　）内填上合适的数。

1元 =（　　）角

1元 =（　　）分

1元 =（　　）角 =（　　）分

5角 =（　　）分

3元 =（　　）角

8角 =（　　）分

3角 =（　　）分

5元 =（　　）角

70分 =（　　）角

总结

小朋友，你都答对了吗？如果有错题，请在下方改正。

学习打卡

你今天学习花了多少时间？
（家长帮忙计时）

A. 不到 5 分钟　　B. 5~10 分钟　　C. 10 分钟以上

你今天练习全做对了吗？

A. 全对　　B. 仅错一处　　C. 错误较多

小朋友，明天我们还要继续学习并打卡！

今天能得几颗星？把星星涂上你喜欢的颜色，来给自己打分吧！

评级证书

七级

（解决问题有办法）

_____ 同学：

祝贺你在"解决问题有办法33～35天"

学习中，坚持练习并且通过了测试！

请你以"小脑王"为目标，继续努力！

年　　月　　日

数学评测官　　杨易

脑王课堂

 脑王！脑王！今天学什么新知识？

今天我们来认识一下尺子。

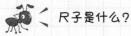 尺子是什么？

尺子是用来测量物品长度的工具。在尺子上，"厘米"表示长度单位，三种长度不同的竖线叫刻度线。"0"表示起点。

示例：

试一试 根据脑王的讲解，认真回答下面的问题。

（1）尺子上标有5的刻度线在哪儿，请用红线标注出来。

（2）尺子上每标有相邻数字的两个刻度之间的长度是（　　）厘米。

（3）尺子上的数字，从左到右按照（　　）的顺序排列的。

（4）厘米可以用字母cm表示，1厘米可以写成（　　）。

（5）尺子上三种长度不同的竖线叫（　　）线。

小朋友，你都做对了吗？继续练一练。

学习打卡

你今天学习花了多少时间？
（家长帮忙计时）

A. 不到5分钟   B. 5~10分钟   C. 10分钟以上

你今天练习全做对了吗？

A. 全对   B. 仅错一处   C. 错误较多

小朋友，明天我们还要继续学习并打卡！

今天能得几颗星？把星星涂上你喜欢的颜色，来给自己打分吧！

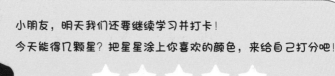

脑王课堂

 脑王！脑王！尺子是一个很好的工具，它有什么神奇的地方吗？

 有呀，今天我们要用尺子来量一量物品。

 怎么量？

 要想知道各种物品的精确长度，就要用尺子量一量。比如，铅笔是从刻度（0）到刻度（7），长度是（7）厘米。

示例：

试一试 根据脑王的讲解，回答下面的问题。

橡皮是从刻度（　）到刻度（　），长度是（　）厘米。

图钉是从刻度（　）到刻度（　），长度是（　）厘米。

铅笔是从刻度（　）到刻度（　），长度是（　）厘米。

小朋友，你都答对了吗？继续画一画，练一练。

学习打卡

你今天学习花了多少时间？
（家长帮忙计时）

A.不到 5 分钟　　B.5~10 分钟　　C.10 分钟以上

你今天练习全做对了吗？

A.全对　　　　B.仅错一处　　　C.错误较多

小朋友，明天我们还要继续学习并打卡！

今天能得几颗星？把星星涂上你喜欢的颜色，来给自己打分吧！

★ ★ ★ ★ ★

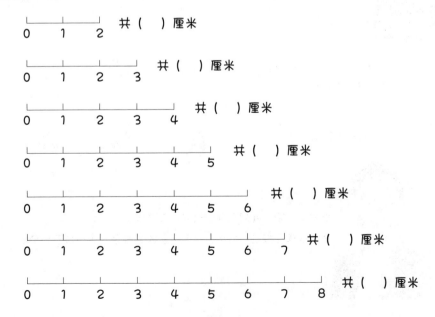

脑王课堂

 脑王！脑王！今天我们学什么？

今天我们来认识厘米。

 前面刚刚讲过厘米表示长度单位。

对，厘米是长度计量单位，大约是一支笔的宽度。我们常见的尺子都是以厘米为计量单位的。

示例： |——————| 共（ 1 ）厘米
　　　　　 1厘米

试一试 仔细数一数，在（ ）内填上合适的数。

0　1　2　　共（ ）厘米

0　1　2　3　　共（ ）厘米

0　1　2　3　4　　共（ ）厘米

0　1　2　3　4　5　　共（ ）厘米

0　1　2　3　4　5　6　　共（ ）厘米

0　1　2　3　4　5　6　7　　共（ ）厘米

0　1　2　3　4　5　6　7　8　　共（ ）厘米

小朋友，你都答对了吗？继续练一练。

学习打卡

你今天学习花了多少时间？
（家长帮忙计时）

 A. 不到 5 分钟　　 B. 5~10 分钟　　 C. 10 分钟以上

你今天练习全做对了吗？

 A. 全对　　　　B. 仅错一处　　 C. 错误较多

小朋友，明天我们还要继续学习并打卡！

今天能得几颗星？把星星涂上你喜欢的颜色，来给自己打分吧！

★ ★ ★ ★ ★

脑王课堂

 脑王！脑王！厘米还有什么好玩的？

 昨天我们对厘米有了大概的认识，今天就来画一画。

 怎么画呢？

 按要求在虚线上画出对应的几格就是几厘米。

示例：

画出2厘米

✏️ **试一试**　按照脑王的示例画一画。

画出3厘米

画出4厘米

画出5厘米

画出6厘米

画出7厘米

画出8厘米

复习

小朋友，你都画对了吗？继续画一画，练一练。

学习打卡

你今天学习花了多少时间？
（家长帮忙计时）

 A. 不到 5 分钟　　 B. 5~10 分钟　　 C. 10 分钟以上

你今天练习全做对了吗？

 A. 全对　　 B. 仅错一处　　 C. 错误较多

小朋友，明天我们还要继续学习并打卡！

今天能得几颗星？把星星涂上你喜欢的颜色，来给自己打分吧！

★ ★ ★ ★ ★

脑王课堂

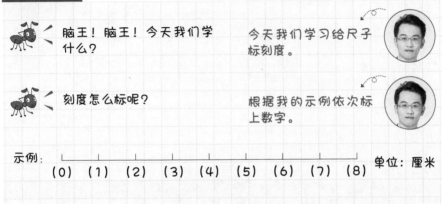

脑王！脑王！今天我们学什么？

今天我们学习给尺子标刻度。

刻度怎么标呢？

根据我的示例依次标上数字。

示例：
(0) (1) (2) (3) (4) (5) (6) (7) (8)　　单位：厘米

　试一试　在（　）对应的点位填上合适的数（单位：厘米）。

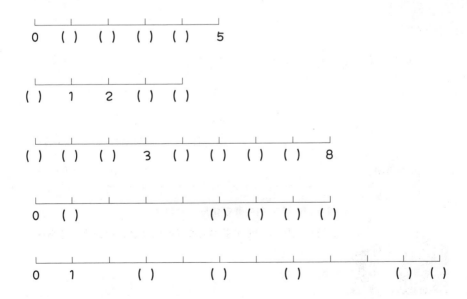

0　（　）　（　）　（　）　（　）　5

（　）　1　2　（　）　（　）

（　）　（　）　（　）　3　（　）　（　）　（　）　（　）　8

0　（　）　　　　　（　）　（　）　（　）　（　）

0　1　　　（　）　　　（　）　　　（　）　　　（　）　（　）

小朋友，你都标对了吗？如果有标错的，请继续练一练。

学习打卡

你今天学习花了多少时间？
（家长帮忙计时）

A. 不到 5 分钟　　B. 5~10 分钟　　C. 10 分钟以上

你今天练习全做对了吗？

A. 全对　　B. 仅错一处　　C. 错误较多

小朋友，明天我们还要继续学习并打卡！

今天能得几颗星？把星星涂上你喜欢的颜色，来给自己打分吧！

★ ★ ★ ★ ★

脑王测试

 脑王！脑王！今天有什么新游戏？

又到闯关测试挑战了，今天巩固一下前几天所学的知识。

 好呀，我已经做好准备了！

试一试 根据所学的知识，回答下面的问题。

1.尺子上标有5的刻度线在哪儿，请用红线标注出来。

2.尺子上每标有相邻数字的两个刻度之间的长度是（   ）厘米。

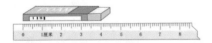

橡皮是从刻度（   ）到刻度（   ），长度是（   ）厘米。

• 在（   ）内填上合适的数（单位：厘米）。

共（   ）厘米   共（   ）厘米

0 1 2   0 1 2 3

• 在（   ）内标上合适的刻度数（单位：厘米）。

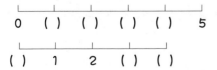

0 （ ）（ ）（ ）（ ）5

（ ）1   2   （ ）（ ）

学习打卡

你今天学习花了多少时间？
（家长帮忙计时）

A. 不到 5 分钟　　B. 5~10 分钟　　C. 10 分钟以上

你今天练习全做对了吗？

A. 全对　　　B. 仅错一处　　C. 错误较多

小朋友，明天我们还要继续学习并打卡！

今天能得几颗星？把星星涂上你喜欢的颜色，来给自己打分吧！

★★★★★

评级证书

八级
（解决问题有办法）

———— 同学：

祝贺你在"解决问题有办法36～41天"
学习中，坚持练习并且通过了测试！

请你以"小脑王"为目标，继续努力！

年　　月　　日

数学评测官　　杨易

脑王课堂

 脑王！脑王！今天玩什么数学游戏？

今天来认识一个新的长度单位——米。

 米和厘米之间是什么关系呢？

米大于厘米，1米 = 100厘米。

✏️ **试一试** 结合图片中的内容，在（ ）内填上正确的答案。

第一组：小明妈妈跨出一步的长度是50厘米，跨出两步的长度是（1）米。

第二组：小明用一把米尺给3岁的妹妹量身高，妹妹的身高是（1）米。

小朋友，你都填对了吗？继续画一画，看看还有哪些物品的长度接近1米。

学习打卡

你今天学习花了多少时间？
（家长帮忙计时）

A. 不到 5 分钟   B. 5~10 分钟   C. 10 分钟以上

你今天练习全做对了吗？

A. 全对   B. 仅错一处   C. 错误较多

小朋友，明天我们还要继续学习并打卡！

今天能得几颗星？把星星涂上你喜欢的颜色，来给自己打分吧！

★ ★ ★ ★ ★

脑王课堂

 脑王！脑王！今天玩什么数学游戏？

 今天来认识两个新的长度单位——分米和毫米。

 它们和米、厘米之间是什么关系呢？

 分米比米小，但比厘米大，而毫米在这几个长度单位中是最小的。

示例：

0　1　2　3　4　5　6　7　8　9　10　厘米

10厘米 = (1) 分米

0 ⊣⊣⊣⊣⊣⊣⊣ 1 厘米　1厘米 = (10) 毫米

✏️ **试一试**　在（　　）内填上合适的数字。

20厘米 = （　　）分米

3厘米 = （　　）毫米

30厘米 = （　　）分米

50毫米 = （　　）厘米

8分米 = （　　）厘米

10分米 = （　　）厘米

小朋友，你都填对了吗？如果有做错的地方，可以继续练一练。

学习打卡

你今天学习花了多少时间？
（家长帮忙计时）

A. 不到 5 分钟　　B. 5~10 分钟　　C. 10 分钟以上

你今天练习全做对了吗？

A. 全对　　B. 仅错一处　　C. 错误较多

小朋友，明天我们还要继续学习并打卡！

今天能得几颗星？把星星涂上你喜欢的颜色，来给自己打分吧！

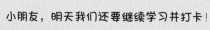

脑王课堂

 脑王！脑王！今天我们学习什么？

今天我们来学习各种长度单位之间的换算。

 换算难吗？

不难，只要记住每个长度单位之间的基础换算公式就行了。

示例：1米 ＝（100）厘米，1米 ＝（10）分米，
　　　1分米 ＝（10）厘米，1厘米 ＝（10）毫米

试一试　按照脑王给出的基础换算公式，在（　）内填上合适的数。

10厘米 ＝（　　）分米

1厘米 ＝（　　）毫米

1米 ＝（　　）分米

1米 ＝（　　）分米＝（　　）厘米

100毫米 ＝（　　）分米

20毫米 ＝（　　）厘米

4分米 ＝（　　）厘米

2厘米 ＝（　　）毫米

200厘米 ＝（　　）米

小朋友，你都填对了吗？如果有不熟练的题目，可以继续练一练。

学习打卡

你今天学习花了多少时间？
（家长帮忙计时）

A. 不到 5 分钟   B. 5~10 分钟   C. 10 分钟以上

你今天练习全做对了吗？

A. 全对   B. 仅错一处   C. 错误较多

小朋友，明天我们还要继续学习并打卡！

今天能得几颗星？把星星涂上你喜欢的颜色，来给自己打分吧！

☆ ☆ ☆ ☆ ☆

脑王课堂

 脑王！脑王！今天玩什么数学游戏？

今天我们要玩比大小的游戏。

示例： 10米 (>) 1米

试一试　在○内填上合适的"<"或">"。

14厘米　○　15厘米

20厘米　○　18厘米

10分米　○　9分米

4米　○　5米

13毫米　○　16毫米

2分米　○　8分米

7厘米　○　3厘米

9米　○　10米

小朋友，你都填对了吗？继续练一练，填一填。

学习打卡

你今天学习花了多少时间？
（家长帮忙计时）

A. 不到 5 分钟　　B. 5~10 分钟　　C. 10 分钟以上

你今天练习全做对了吗？

A. 全对　　B. 仅错一处　　C. 错误较多

小朋友，明天我们还要继续学习并打卡！

今天能得几颗星？把星星涂上你喜欢的颜色，来给自己打分吧！

☆ ☆ ☆ ☆ ☆

脑王课堂

 脑王！脑王！比大小还有什么新玩法吗？

有啊，不同长度单位之间也可以比大小，开动脑筋，多想一想哦。

示例：　1米　(**>**)　1分米

试一试　在○内填上合适的 "<" 或 ">"。

1分米　◯　1厘米

1毫米　◯　1厘米

1米　◯　1厘米

1米　◯　1毫米

1毫米　◯　1分米

2分米　◯　2米

3米　◯　4分米

10厘米　◯　2分米

小朋友，你都填对了吗？继续练一练。

学习打卡

你今天学习花了多少时间？
（家长帮忙计时）

A. 不到 5 分钟　　B. 5~10 分钟　　C. 10 分钟以上

你今天练习全做对了吗？

A. 全对　　B. 仅错一处　　C. 错误较多

小朋友，明天我们还要继续学习并打卡！

今天能得几颗星？把星星涂上你喜欢的颜色，来给自己打分吧！

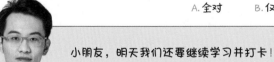

第 **47** 天　判断游戏

_____ 月
_____ 日

脑王课堂

 脑王！脑王！今天我们玩什么？

 我说出生活中常见物品的长度，你来判断我用到的长度单位是否正确。

示例：　请在第一个（　　）内填上"√"或者"×"，如果判断是"×"的，请在第二个（　　）内写上正确的长度单位。

数学书长26米。

（ × ）（厘米）

试一试　按照示例在（　　）内填上正确的答案。

　一支笔长2分米。　（　　）（　　）

　字典厚6米。　（　　）（　　）

　大树高8米。　（　　）（　　）

109

小朋友，你都做对了吗？继续练一练。

学习打卡

你今天学习花了多少时间？
（家长帮忙计时）

A. 不到 5 分钟　　B. 5~10 分钟　　C. 10 分钟以上

你今天练习全做对了吗？

　　　　A. 全对　　B. 仅错一处　　C. 错误较多

小朋友，明天我们还要继续学习并打卡！

今天能得几颗星？把星星涂上你喜欢的颜色，来给自己打分吧！

★ ★ ★ ★ ★

脑王测试

 脑王！脑王！今天有什么新游戏？

又到了闯关测试挑战，考考你对长度单位知识掌握得怎么样。

 好呀，我已经做好迎接挑战的准备了！

试一试　请按照题目要求答题。

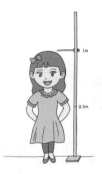

• 在（ ）内写上合适的数。

　小明用一把米尺给3岁的妹妹量身高，妹妹的身高是（ ）米。

• 根据前面学过的知识，在（ ）内填上合适的数。

10厘米 = （ ）分米　　　1厘米 = （ ）毫米

1米 = （ ）分米　　　　1米 = （ ）厘米

• 比一比，在○内填上"＜"或"＞"。

14厘米 ○ 15厘米　　　　20厘米 ○ 18厘米

10分米 ○ 9分米　　　　4米 ○ 5米

小朋友，你都答对了吗？如果有错题，请在下方改正。

学习打卡

你今天学习花了多少时间？
（家长帮忙计时）

 A. 不到 5 分钟　　 B. 5~10 分钟　　 C. 10 分钟以上

你今天练习全做对了吗？

 A. 全对　　B. 仅错一处　　 C. 错误较多

小朋友，明天我们还要继续学习并打卡！

今天能得几颗星？把星星涂上你喜欢的颜色，来给自己打分吧！

★ ★ ★ ★ ★

评级证书

九级

（解决问题有办法）

————— 同学：

　　祝贺你在"解决问题有办法42～48天"

学习中，坚持练习并且通过了测试！

　　请你以"小脑王"为目标，继续努力！

　　　　　　　　　　年　　月　　日

数学评测官　　　杨易